Sven Schaumann

Fuzzy Logik. Ein kurzer Überblick

GRIN Verlag

Bibliografische Information der Deutschen Nationalbibliothek:

Die Deutsche Bibliothek verzeichnet diese Publikation in der Deutschen Nationalbibliografie; detaillierte bibliografische Daten sind im Internet über http://dnb.d-nb.de/ abrufbar.

Impressum:

Copyright © 2008 GRIN Verlag GmbH
Druck und Bindung: Books on Demand GmbH, Norderstedt Germany
ISBN: 978-3-638-92515-0

Dieses Buch bei GRIN:

http://www.grin.com/de/e-book/86827/fuzzy-logik-ein-kurzer-ueberblick

Fuzzy Logik

Hausarbeit

des Studiengangs Wirtschaftsingenieurwesen

an der Fachhochschule für Technik und Wirtschaft Berlin

von

Sven Schaumann

Fach: Produktionsautomatisierung

Abgabedatum: 18.01.2008

Inhaltsverzeichnis

Abbildungsverzeichnis

Einführung

Eine präzise und vollständige Systemmodellierung ist heutzutage in vielen Anwendungsfällen nicht praktikabel bzw. sogar unmöglich. Daher gibt es in der klassischen Regelungstechnik bei dem Entwurf und der Anpassung von Reglern oft mathematische Modelle der Regelstrecke. Wenn eine schnelle und kostengünstige Lösung angestrebt wird, hat sich schon seit einiger Zeit der Einsatz unscharfer, qualitativer Methoden bewährt. Damit hat man die Möglichkeit eine oftmals teure und langwierige Entwicklung eines Modells zu umgehen. Oft sind diese entwickelten Lösungen sogar robuster und besser als die mit erheblich höherem Aufwand entwickelte klassische Variante ([1], S. 118).

Die Grundidee der Fuzzy-Logik liegt in der <u>Formalisierung menschlichen Problemwissens</u>. Dieses kann von Experten bereitgestellt oder aber vom Entwickler des Systems in einer <u>unscharfen (vagen) Form</u> formuliert werden. Daher auch der Name Fuzzy-Logik (englisch: fuzzy = unscharf). Es handelt sich hierbei um eine Modellierungstechnik, bei der die menschliche Fähigkeit, Sachverhalte auf einer verhaltensorientierten Ebene zu erfassen, die Grundlage bildet. Somit ist es möglich sich Handlungswissen nutzbar zu machen, z.B. in Form von Verhaltensregeln ([2], S. 5). Im optimalen Fall könnte ein solches System die Leistungsfähigkeit der Person, bzw. der Gruppe von Personen, erreichen, die das entsprechende Wissen zu Verfügung gestellt haben ([1], S. 118). Die Anwendungsgebiete der Fuzzy Logik sind sehr differenziert, z.B. in der Technik, der Medizin, den Wirtschaftswissenschaften, der Physik oder der Mathematik. Dabei geht es in den verschiedenen Bereichen um Anwendungsfelder wie z.B.:

- Kontrollaufgaben, z.B. Regelungstechnik (fuzzy control)
- Klassifizierung und Kategorisierung
- Entscheidungsfindung
- Optimierung
- Mustererkennung
- Signalverarbeitung
- Managementaufgaben (z.B. Betriebsführung, Störfallmanagement)
- Fuzzy-Hardware-Realisierung für Spezialgebiete
- Im Bereich der künstlichen Intelligenz
- Entwurf hybrider Systeme uvm. ([3], S. 61)

1. Theoretische Grundlagen der Fuzzy Logik

Im folgenden sollen die grundlegenden Begriffe zum Verstehen eines Fuzzy-Systems erklärt werden. Die genaueren Zusammenhänge zwischen den einzelnen Begriffen werden teilweise in den folgenden Kapiteln, aber vor allem auch in den Kapiteln zum Fuzzy-Controler und im Praxisbeispiel erläutert.

1.1 Unscharfe Menge (Fuzzy Set)

Bei der Analyse einer unscharfen Regel werden natürlichsprachliche Begriffe wie z.B. „hohe Temperatur" benutzt. Diese sind im mathematischen Sinne keine präzisen Angaben, sondern repräsentieren vielmehr ungenaue, qualitative Informationen. Es stellt sich nun die Frage wie man vage Konzepte mit geeigneten mathematischen Formalismen beschreiben könnte. Der Ausgangspunkt der folgenden Betrachtungen ist dabei die klassische Mengenlehre ([1], S. 119). Diese klassische Mengenlehre soll allerdings an dieser Stelle nur anhand eines Beispiels erläutert werden, um den Unterschied zur ungenauen Menge zu verdeutlichen. In der klassischen Mengenlehre bezeichnet eine Menge ein präzises und scharf umgrenztes Konzept mit einer fest definierten Anzahl von Elementen. Dazu sieht man in Abbildung 1 ein Beispiel zu den Körpertemperaturen, die bei einem Menschen als Fieber bezeichnet werden. Hier werden alle Patienten ab einer Körpertemperatur von 39,2°C zu einer Menge von Personen mit „starkem Fieber" zusammengefasst. Alle Patienten mit einer erfassten Körpertemperatur unterhalb dieses Wertes werden als Menge ohne „starkes Fieber" bezeichnet. Man sieht bereits an diesem Beispiel, dass es eine klare und definierte Abgrenzung der Werte gibt.

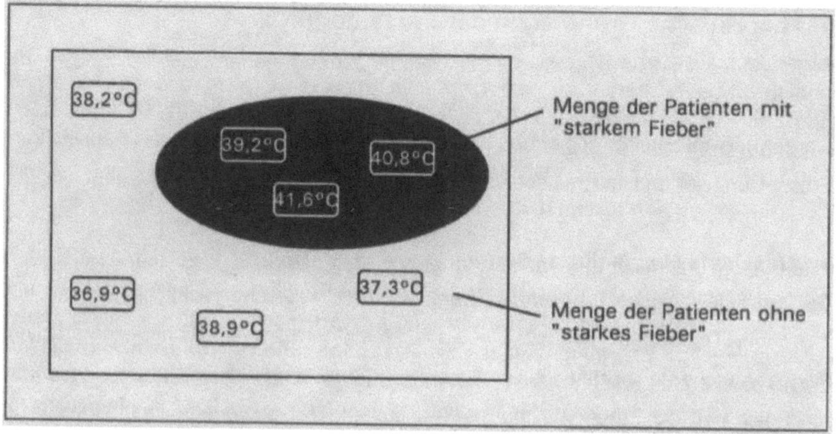

Abbildung 1: Beispiel „Körpertemperatur" aus der klassischen Mengenlehre ([4], S. 20)

Betrachtet man nun im Gegensatz dazu das zugehörige Beispiel zu der unscharfen Menge, dann sieht man in Abbildung 2 schon einen erheblichen Unterschied. Es gibt hier zwar auch Körpertemperaturen, die kein „starkes Fieber" bedeuten und solche die definitiv „starkes Fieber" bedeuten, aber im Gegensatz zur klassischen Mengenlehre existieren hier auch Werte die nicht ganz eindeutig zugeordnet werden können. Es gibt sozusagen Abstufungen, die der menschlichen Wahrnehmung nachempfunden sind. So könnte beispielsweise eine Temperatur von 38,9°C als „Fieber", aber nicht als „starkes Fieber" bezeichnet werden. Wenn man diesen Zusammenhang mathematisch betrachtet, so wird jeder möglichen Körpertemperatur ein Grad zugeordnet, in dem diese starkem Fieber entspricht. In der Fuzzy-Logik wird dieser **Grad als Zugehörigkeitsgrad μ(x)** bezeichnet. In unserem Beispiel wäre es der Zugehörigkeitsgrad $\mu_{SF}(x)$ des Elementes $x \in X$ zur Menge „starkes Fieber" SF.

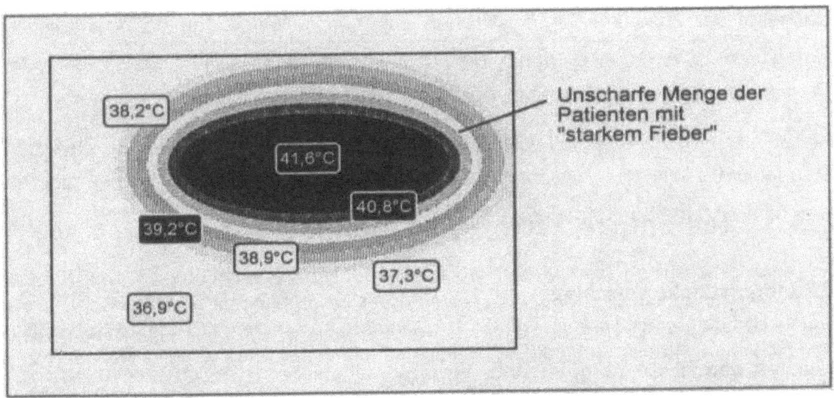

Abbildung 2: zugehöriges Beispiel „Körpertemperatur" mit unscharfer Menge ([4],S. 21)

Die Körpertemperatur wird dabei als Basisvariable x und der Wertebereich der Basisvariablen mit X bezeichnet. Man könnte aus der Abbildung 2 dann ableiten, dass ein Wert von 35°C definitiv kein „starkes Fieber" und ein Wert von 42°C ganz klar „starkes Fieber" bedeuten würde. Alle Werte dazwischen würden dann mehr oder weniger „starkes Fieber" bedeuten. Die Darstellung mit dem Zugehörigkeitsgrad könnte nun wie folgt aussehen:

$$\mu_{SF}(35°C) = 0$$
$$\mu_{SF}(38°C) = 0{,}1$$
$$\mu_{SF}(40°C) = 0{,}65$$
$$\mu_{SF}(41°C) = 0{,}9$$
$$\mu_{SF}(42°C) = 1$$

Diese Zusammenhänge lassen sich auch als Funktion darstellen, siehe Abbildung 3.

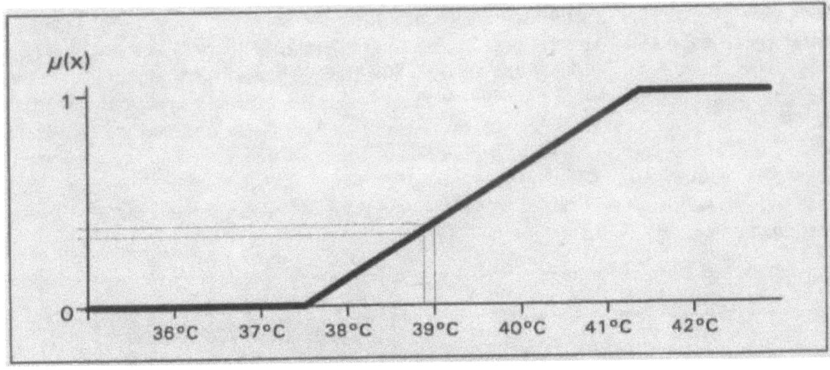

Abbildung 3: Funktion des Zugehörigkeitsgrads µ$_{SF}$(x) ([4], S. 22)

Nachdem der Zusammenhang zwischen Zugehörigkeitsgrad und Basisvariable erklärt wurde, ist verständlich warum die Fuzzy-Menge auch als Verallgemeinerung der klassischen Menge zu verstehen ist. Bei der klassischen Mengenlehre gehört ein Element entweder zu einer Menge (μ=1) oder es gehört aber eben nicht zu dieser Menge (μ=0). Wie oben beschrieben ist diese Zuordnung bei der Fuzzy-Menge etwas differenzierter zu betrachten ([5], S. 6).

2.2 Linguistische Variablen

Ein grundlegender Begriff, der auch noch einige Male in den folgenden Kapiteln auftauchen wird ist die **Linguistische Variable**. Linguistische Ausdrücke, welche aus linguistischen Variablen (LV), linguistischen Termen bzw. Werte (LT bzw. LW) und linguistischen Operatoren bestehen, sind eine Grundvoraussetzung zur Interpretation umgangssprachlicher Ausdrücke. Die Begriffe linguistische Variable und linguistische Werte bzw. Terme sind der klassischen Mathematik nachempfunden. Dabei ist die LV bzw. linguistische Kenngröße als übergeordneter Begriff zu verstehen, der durch die verschiedenen zugehörigen LW charakterisiert wird. Oder anders ausgedrückt, die LV kann im konkreten Fall die einzelnen LW annehmen. Z.B. könnte die linguistische Variable „Farbe" durch die linguistischen Werte „Violett", „Blau", „Grün", „Gelb", „Orange" oder „Rot" beschrieben werden. Die einzelnen Farben (LW) lassen sich alle auf einer gemeinsamen scharfen (numerischen) Grundmenge X, hier die Menge aller Wellenlängen, definieren (vgl. Abbildung 4). D.h. zusammenfassend ist zu sagen, dass eine linguistische Variable aus dem Namen der LV, der Summe aller einzelnen LW, den Namen aller einzelnen LW und der numerischen Grundmenge X mit klassischer Basisvariablen x besteht ([6], S. 170). Auf die bereits genannten linguistischen Operatoren soll hier nicht weiter eingegangen werden.

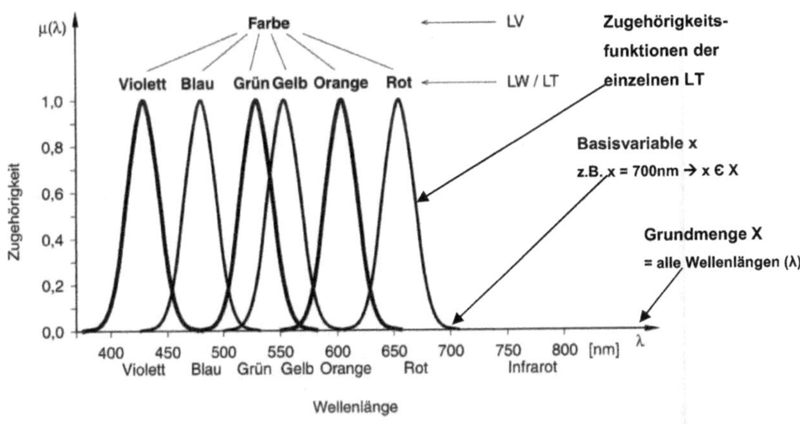

Abbildung 4: Linguistische Variable und linguistische Terme am Beispiel Farben ([6], S. 170)

2.3 Operatoren auf Fuzzy-Mengen

Ähnlich wie in der klassischen Logik gibt es auch in der Fuzzy-Logik grundlegende Operatoren mit deren Hilfe man Elemente bzw. Mengen miteinander verknüpfen kann. Auf die genauen Inhalte der klassischen Logik wird hier nicht weiter eingegangen, da exakte Ausführungen den Rahmen dieser Arbeit sprengen würden und die Grundzüge bekannt sein sollten. Die klassische Logik ist hauptsächlich geprägt durch die Begriffe UND-, ODER- und NICHT-Operator, sowie dem Implikationsoperator und dem Äquivalenzoperator. Es ist nun naheliegend die Fuzzy-Aussagenlogik ähnlich der klassischen Aussagenlogik zu formulieren. Dieses könnte man erreichen indem man die genannten Operatoren fuzzifiziert. Zum Beispiel würde es dann zum logischen UND ein fuzzy-logisches UND geben. Diese beiden Logikmodelle lassen sich hinsichtlich ihrer wesentlichen Merkmale zusammenfassen und gegenüberstellen (siehe Abbildung 5). Auf die mathematischen Betrachtungen, wie der Übergang von der klassischen zu Fuzzy Logik zu realisieren ist, soll hier verzichtet werden.

<table>
<tr><td>Klassische Aussagenlogik
zweiwertige Logik</td><td>Fuzzy-Aussagenlogik
mehrwertige Logik</td></tr>
<tr><td>logische Negation
logische Konjunktion
logische Disjunktion</td><td>fuzzy-logische Negation
fuzzy-logische Konjunktion
fuzzy-logische Disjunktion</td></tr>
<tr><td>logische Implikation
logische Äquivalenz</td><td>fuzzy-logische Implikation
fuzzy-logische Äquivalenz</td></tr>
</table>

Abbildung 5: Gegenüberstellung wesentlicher Merkmale beider Logikmodelle ([6], S. 179)

Im folgenden sollen nur kurz die wichtigsten Fuzzy-Operatoren, auch **Elementaroperatoren** genannt, an einem Beispiel erläutert werden. In diesem Beispiel (siehe Abbildung 6) ist die linguistische Variable die Geschwindigkeit und die beiden zugehörigen linguistischen Terme heißen *„niedrig"* und *„mittel"*. Die zu den Termen gehörenden Kurvenverläufe sind die Zugehörigkeitsfunktionen der Basisvariable zu dem jeweiligen Term. D.h. jeder Term umfasst eine Menge von Werten, die ihm mehr oder weniger stark zugehörig sind. Der erste Operator, den man auf diese beiden Mengen anwenden kann ist der **UND-Operator**. Dieser entspricht der *Schnittmenge* beider Mengen. Das bedeutet, dass die Zugehörigkeitsfunktion der Schnittmenge beider Fuzzy-Mengen als *Minimum* der Zugehörigkeitsfunktionen der Einzelmengen entsteht.

Fuzzy-logische Konjunktion   **UND:** $\mu_{A \wedge B}(x) = min\ \{\ \mu_A(x)\ ,\ \mu_B(x)\ \}$

Der zweite Operator ist der **ODER-Operator**. Dieser entspricht der *Vereinigungsmenge* beider Mengen. Das bedeutet, dass die Zugehörigkeitsfunktion der Schnittmenge beider Fuzzy-Mengen als *Maximum* der Zugehörigkeitsfunktionen der Einzelmengen entsteht.

Fuzzy-logische Disjunktion   **ODER:** $\mu_{A \vee B}(x) = max\ \{\ \mu_A(x)\ ,\ \mu_B(x)\ \}$

Der letzte Operator der hier erwähnt werden soll ist der **NICHT-Operator**. Dieser entspricht einfach der *Komplementärmenge* zu einem linguistischen Term ([7], S. 20-23).

Fuzzy-logische Negation **NICHT:** $\quad\quad \mu_{-A}(x) = 1 - \mu_A(x)$

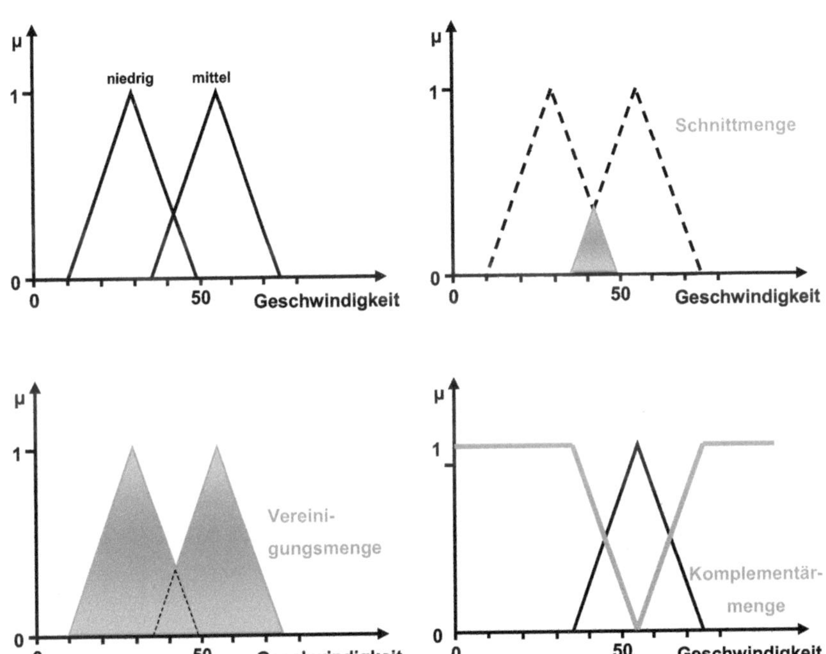

Abbildung 6: Schnitt-, Vereinigungs- und Komplementärmenge bei Fuzzy-Mengen ([7], S. 21)

2.4 Fuzzy-Relationen

Die Beziehungen zwischen unterschiedlichen Mengen lassen sich sowohl klassisch als auch fuzzy-logisch, wenn sie auf unterschiedlichen Grundmengen definiert sind, mit den sogenannten **Relationen** beschreiben. Die Verkettung von Relationen ist wichtiger Bestandteil der Inferenz ([6], S. 113). Oft möchte man nicht nur eine Aussage über eine einzelne Größe treffen, wie z.B. „die Temperatur ist hoch", sondern etwas über die Beziehung zwischen unterschiedlichen Größen sagen, wie z.B. „die Temperatur ist hoch und der Druck ist niedrig". Um solche Aussagen in unscharfer Form mit reell wertigen Wahrheitswerten treffen zu können, bedient man sich dem Konzept der Fuzzy-Relationen. Eine n-stellige Fuzzy-Relation zwischen den Mengen

X_1, X_2, X_3,..., X_n wird durch die Zugehörigkeitsfunktion μ_R: $X_1 \times X_2 \times X_3 \times ... \times X_n$ (Wertebereich zwischen 0 und 1) charakterisiert. Oder wenn man es mit anderen Worten ausdrücken möchte, dann ist eine Fuzzy-Relation eine Fuzzy-Menge über dem kartesischen Produkt $X_1 \times X_2 \times X_3 \times ... \times X_n$. Bei der eben gezeigten Darstellung können auch alle X_i unscharfe Mengen sein. Wenn wir bei dem Beispiel vom Anfang bleiben dann wäre X_1 die Menge der hohen Temperaturen und X_2 die Menge der niedrigen Drücke. Damit könnte man nun die vorhin getroffene Aussage über hohe Temperaturen und niedrige Drücke beispielsweise durch die Zugehörigkeitsfunktion $\mu_{X1 \wedge X2}(u, v)$ = min { $\mu_{X1}(u)$, $\mu_{X2}(v)$ } definieren ([1], S. 123). Auch zu dem Thema der Relationen könnte man noch erheblich genauer bezüglich der mathematischen Herleitung und Darstellung sein, aber für den Zweck dieser Arbeit soll diese einfache Beschreibung genügen. Die einzige Sache, die hier noch etwas genauer beschrieben werden soll ist die Verknüpfung von Fuzzy-Relationen. Sind zwei Fuzzy-Relationen auf unterschiedlichen Mengen definiert, so kann man ohne Bedenken die in Kapitel 2.3. beschriebenen Operationen auch auf diese mehrstelligen unscharfen Mengen (Relationen) anwenden. Die Verkettung ist eine besondere Form der mehrstelligen Verknüpfung von Fuzzy-Relationen, sie wird auch als **Komposition** bezeichnet. Von herausragender Bedeutung ist diese Komposition vor allem beim sogenannten „unscharfen Schließen". Dabei werden zwei oder mehr Relationen miteinander durch den ODER-Operator verknüpft. Es entsteht die sogenannte max-min-Komposition in der Form $\mu_{R3}(x, z)$ = max [min [$\mu_{R1}(x, y)$, $\mu_{R2}(y, z)$]]. Dieser Zusammenhang wird wahrscheinlich anhand eines konkreten Beispiels im Kapitel 4 klarer ([6], S. 123-125).

2.5 Fuzzy-Inferenz

Bevor an dieser Stelle der Begriff der Fuzzy-Inferenz erläutert wird, soll zunächst noch der grundlegende Begriff der **Fuzzy-Implikation** erklärt werden. In den vorangegangenen Kapiteln wurde erläutert, wie unscharfe Aussagen über Größen, die auf verschiedenen Grundmengen definiert sind, durch UND- oder ODER-Verknüpfungen in eine Fuzzy-Relation überführt werden können. Diese Relation war auf dem Kreuzprodukt der einzelnen Grundmengen definiert. Nun soll anhand einer einzelnen *Regel R* der Form

WENN x = A DANN y = B

versucht werden das Wesen der Fuzzy-Implikation aufzuzeigen. Die *Prämisse (Bedingung)* x=A dieser Regel ist durch den linguistischen Term A der Variablen x und die *Konklusion (Schlussfolgerung)* y=B durch den linguistischen Term B der Variablen y charakterisiert. Der Ausdruck „x=A" ist hier zu lesen als „Wenn die Größe x die Eigenschaft A hat" und der Ausdruck „y=B" entspricht einer sprachlichen Interpretation von „Dann soll y die Eigenschaft B haben". Hierbei sind die Prämisse und die Konklusion unscharfe Aussagen, die Regel (auch **Fuzzy Rule** genannt) wird daher als Fuzzy-Implikation bezeichnet und mit **A→B** abgekürzt. Im Vergleich zur klassischen Aussagenlogik hat man hier jetzt jedoch den Fall, dass die Prämisse nicht nur die Wahrheitswerte *wahr* oder *falsch* annehmen kann. Daher benötigt man eine Vorschrift für einen Schlussfolgerungsvorgang falls die Prämisse nur *„mehr oder weniger"* wahr sein sollte. Somit würde nämlich die Schlussfolgerung auch nur mehr oder weniger gelten.

Regel:	WENN x=A DANN y=B
Faktum:	x besitzt mehr oder weniger die Eigenschaft A
Schlussfolgerung:	also besitzt y mehr oder weniger die Eigenschaft B

Dieses **„fuzzy-logische" Schließen** wird als „angenähertes Schließen" (approximate reasoning) bezeichnet ([4], S. 28,29). In der oben aufgestellten Regel werden die beiden Größen x und y in eine Beziehung gesetzt, folglich lässt sich diese Regel als zweistellige Fuzzy-Relation R beschreiben. Ihre Zugehörigkeitsfunktion $\mu_R(x,y)$ würde sich dabei aus den Zugehörigkeitsfunktionen $\mu_A(x)$ der Prämisse und $\mu_B(y)$ der Konklusion ergeben. Es stellt sich nun jedoch die Frage, durch welchen Operator sich diese beiden Zugehörigkeitsfunktionen verknüpfen lassen. Dafür gibt es in der Literatur eine Vielzahl von Operatoren. Da in den folgenden Kapiteln noch das wichtigste Anwendungsgebiet der Fuzzy-Logik, nämlich Fuzzy-Control, erläutert wird, soll an dieser Stelle auch nur der wichtigste und gebräuchlichste Operator für dieses Anwendungsgebiet genannt werden. In der sogenannten *„Mamdani-Implikation"* werden die beiden Zugehörigkeitsfunktionen durch den bereits vorgestellten UND-Operator verknüpft. D.h. die Zugehörigkeitsfunktion der Regel A→B würde wie folgt aussehen: $\mu_{R:A \to B}(x,y) = min (\mu_A(x), \mu_B(y))$. Die Grundidee dieser Implikationsvariante liegt darin, dass der Wahrheitsgehalt der Schlussfolgerung nicht größer sein sollte als der der Prämisse ([7], S. 30).

Nachdem nun die Fuzzy-Implikation erklärt wurde, können wir zur **Fuzzy-Inferenz** übergehen.

Als Fuzzy-Inferenz wird die letztendliche Schlussfolgerungsprozedur bzw. die Auswertung der aufgestellten Regeln bezeichnet. Sie ist der zentrale Bestandteil der Fuzzy-Logik ([6], S. 187). Bei der Fuzzy-Inferenz versucht man zum einen die Prozesssituation zu beschreiben auf die reagiert werden soll und zum anderen versucht man die Reaktion auf diese Situation anzugeben. Nachdem die Implikation bereits die Prozesssituation und die entsprechende Reaktion beschrieben hat, folgt nun die Auswertung durch die eigentliche Fuzzy-Inferenz ([4], S. 27). D.h. die Definition der Implikation ermöglicht es zwar, den Wahrheitsgrad einer unscharfen Regel mit gegebenen Prämissen und Konklusionen zu berechnen, beantwortet aber noch nicht die Frage, wie aus gegebenen Fakten und einer Regel eine sinnvolle Folgerung zu berechnen ist ([1], S. 124). Diese Berechnung erfolgt nun durch die Inferenz. Sie besteht aus zwei Teilen, der *Aggregation* („Berechnung des WENN-Teils der Regeln") und der *Komposition* („Berechnung des DANN-Teils der Regeln"). An dieser Stelle soll nicht weiter auf die Einzelheiten zur Berechnung der eben genannten Aggregation und Komposition eingegangen werden, da beide Teile noch ausführlich in dem in Kapitel 4 folgenden Praxisbeispiel erklärt werden.

3. Unscharfe Regelung (Fuzzy Control)

3.1 Allgemeines und Motivation für Fuzzy Control

Das derzeit wohl wichtigste Anwendungsgebiet für Fuzzy-Logik liegt in der Regelungstechnik. Dieser Sachverhalt ist damit zu erklären, dass es durch die Verarbeitung unscharfer Informationen möglich wird, bestehende regelungstechnische Anwendungsgebiete einfacher zu beherrschen und in anderen die Anwendungsgrenzen der klassischen Regelungstechnik zu erweitern ([1], S. 132). In den folgenden Ausführungen soll kurz die Motivation für die Einführung der Fuzzy-Regelung erläutert werden.

Ein häufiger **Nachteil klassischer Regler** (z.B. PID-Regler) ist die geringe Flexibilität, da sie nur über eine begrenzte Anzahl von Parametern verfügen. Daher stößt man bei komplexen Regelstrecken sehr schnell an seine Grenzen. Aus diesem Grund wurden in der klassischen Regelungstechnik komplizierte Reglerfunktionen entwickelt, die erheblich mehr Reglerparameter aufweisen. Diese sind flexibler und trotzdem mathematisch gut handhabbar. Sie haben allerdings den großen Nachteil, dass sie nicht mehr von Hand optimierbar sind, daher ist man immer auf ein mathematisches Modell dieser Reglerstrecke angewiesen um die große Flexibilität dieser Reglerfunktionen tatsächlich nutzen zu können. Der Aufwand für die Erstellung solcher Modelle ist teilweise so groß, dass die Modellierung komplexer Regelstrecken sehr zeitintensiv oder wegen ungenauen Kenntnissen sogar unmöglich sein kann. Eine weitere Anwendungsgrenze ergibt sich, weil Prozessmodelle das Verhalten einer Regelstrecke nie exakt beschreiben. Daher ist es oftmals nötig den anhand eines Modells entworfenen Regler am Einsatzgebiet zu testen und gegebenenfalls nachzuoptimieren. Angesichts der komplexen und schlecht einsichtigen Reglerparameter wird dies sehr schwer. Ein letzter Nachteil klassischer Regler, der an dieser Stelle noch genannt werden soll ist, dass durch die begrenzte Modellgenauigkeit der praktische Wert mathematischer Methoden zur Stabilitäts- und Robustheitsanalyse reduziert wird. Obwohl die in der klassischen Regelungstechnik eingesetzten mathematischen Analyse- und Entwurfsmethoden sehr genau sind, verbleibt aufgrund der begrenzten Modellgenauigkeit stets eine mehr oder weniger stark ausgeprägte Grauzone. Diese kann in der Praxis häufig nur durch das Fingerspitzengefühl und die Erfahrung der Anwender vor Ort überbrückt werden ([1], S. 134). Es gibt noch einige weitere Nachteile bzw. Anwendungsgrenzen der klassischen Regelungstechnik, die jedoch an dieser Stelle nicht weiter ausgeführt werden sollen.

Anhand dieser Anwendungsgrenzen sieht man bereits, dass es nötig ist eine sehr flexible Reglerfunktion zu besitzen, deren Parameter auch für den Anwender vor Ort verständlich sind. Das **Ziel von Fuzzy-Control** ist es somit, derartige Reglerfunktionen dadurch zu schaffen, dass qualitatives Erfahrungswissen des Praktikers in Form von Regeln direkt in den Regler eingebracht und dort nutzbar gemacht wird (siehe dazu Bild 7). Die Abkürzungen aus Abbildung 7 sollen nur kurz benannt, aber nicht weiter erklärt werden, da sie hinlänglich bekannt sein sollten. „r" ist der Führungswert bzw. Sollwert. „e" ist die Regelabweichung, welche zugleich die Eingänge für den Fuzzy-Regler darstellt. „u" ist in dieser Darstellung die Stellgröße und zugleich der Ausgang des Fuzzy-Reglers. Und „y" ist die Regelgröße bzw. der Istwert.

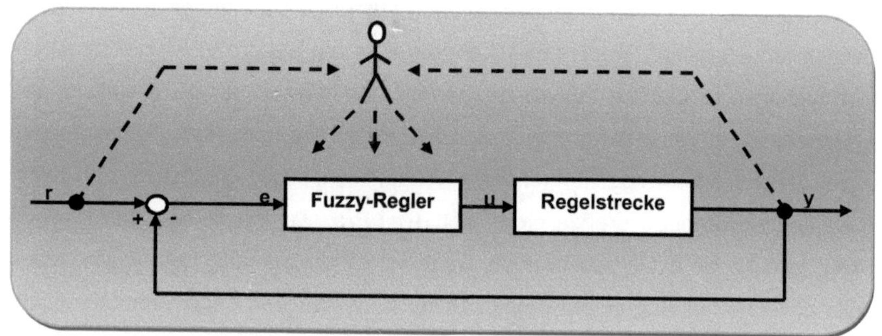

Abbildung 7: Der Mensch als überlagerter Regler des Fuzzy-Reglers ([1], S. 137)

Abbildung 8 zeigt die Struktur eines solchen Fuzzy-Reglers mit zwei Eingangs- und einer Ausgangsgröße. Auf den genauen Entwurf solcher Regler sowie auf tiefergreifende Zusammenhänge soll hier nicht weiter eingegangen werden, Informationen dazu sind den angegebenen Quellen zu entnehmen. Allerdings sollen in den folgenden Kapiteln die Bestandteile solcher Fuzzy-Regler noch etwas genauer beleuchtet werden.

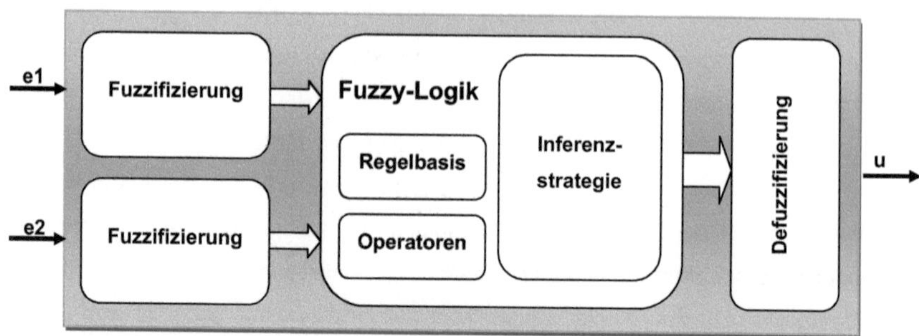

Abbildung 8: Struktur eines Fuzzy-Reglers mit 2 Eingangs- und 1 Ausgangsgröße
([1], S. 136)

3.2 Das Fuzzy-System bzw. der Fuzzy-Regler

Generell unterscheidet man verschiedene Techniken, mit denen die Zusammenhänge im Fuzzy-System beschrieben werden können. Es gibt zum einen die *regelbasierten Fuzzy-Techniken*. Diese beinhalten einfache Zugehörigkeitsfunktionen und die Systemzusammenhänge werden durch „WENN-DANN"-Regeln beschrieben. Man könnte also sagen, dass bei diesen Techniken das „System-Know-How" in den Regeln steckt. Die zweite Gruppe von Techniken sind die *nicht-regelbasierten Fuzzy-*

Techniken. Hierbei gibt es komplexe Zugehörigkeitsfunktionen, die die Systemzusammenhänge beschreiben. Weiterhin existieren lediglich einfache Regeln oder reine Aggregationen (als einfachste Regel). D.h. hier steckt das „System-Know-How" in den Zugehörigkeitsfunktionen ([4], S. 22). Die weiteren Beschreibungen und Ausführungen beschränken sich jedoch auf die regelbasierten Fuzzy-Techniken, da diese die größere praktische Bedeutung erlangt haben.

Die drei Grundbestandteile eines einfachen Fuzzy-Systems sind die <u>Fuzzifizierungseinheit</u>, die <u>Fuzzy-Inferenzeinheit</u> und die <u>Defuzzifizierungseinheit</u>. Die Ermittlung der Stellgrößen aus den Messgrößen erfolgt dabei in drei Schritten, welche den genannten Bestandteilen entsprechen. Als erstes erfolgt die Fuzzifizierung, darunter versteht man die sprachliche Interpretation der technischen Messgröße. Der zweite Schritt ist die Fuzzy-Inferenz. Dabei leitet man aus den sprachlich interpretierten Messgrößen entsprechend einer Sammlung von „WENN-DANN"-Regeln, verknüpft durch Aggregationen (Entscheidungslogik), sprachlich interpretierte Stellgrößen ab. Der letze Schritt, die Defuzzifizierung, umfasst die Umwandlung der sprachlich beschriebenen Stellgrößen zurück zu technischen Größen. Alle drei Stufen und die genannten Zusammenhänge kann man auch nochmals aus Bild 9 entnehmen.

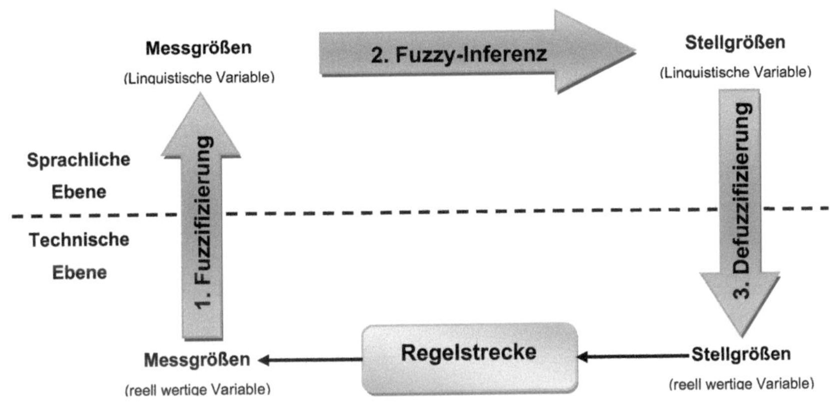

Abbildung 9: Die drei Stufen eines Fuzzy-Systems ([4], S. 23)

In den folgenden Kapiteln werden die Stufen mit ihren Inhalten noch genauer erklärt, bevor im Kapitel 4 alles noch an einem Praxisbeispiel veranschaulicht wird.

3.2.1 Der Fuzzifizierer

Zum besseren Verständnis ist in Abbildung 11 nochmals ein Fuzzy-System bzw. ein Fuzzy-Controller dargestellt. Nach diesem Schema, welches nach seinem Erfinder E. Mamdani benannt wurde, sind heute die meisten kommerziellen Fuzzy-Regler aufgebaut. Der einzige Unterschied zu der Darstellung in Bild 9 ist, dass die in Bild 9 benannte „Fuzzy-Inferenz" in Bild 11 aufgeteilt ist in die Regelbasis und die Entschei-

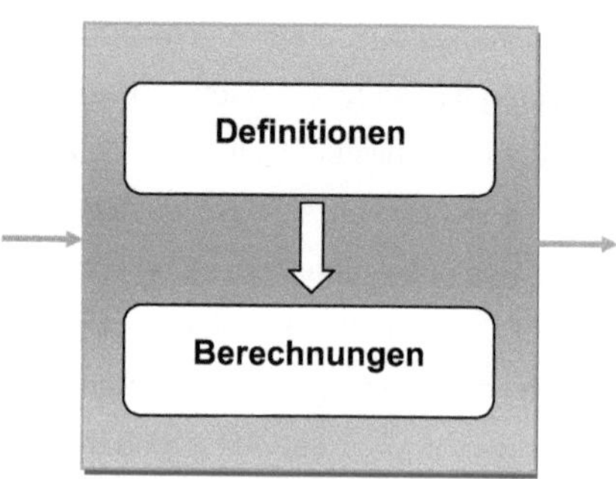

Abbildung 10: Struktur einer Fuzzifizierungseinheit eines regelbasierten Ü.-systems ([6], S. 243)

dungslogik. In den meisten Literaturstellen kommen dem Fuzzifizierer bzw. der Fuzzifizierungseinheit zwei verschiedene Aufgaben zu (siehe Bild 10). Zum einen enthält sie alle Vereinbarungen und Grundinformationen, die mit der Definition der Fuzzy-Signalwerte der Ein- und Ausgangsgrößen und der Signalkanäle zusammenhängen. Zum anderen hat die Fuzzifizierungseinheit die Aufgabe auf der Grundlage der abgelegten Definitionen für einen scharfen Eingangssignalwert den Zugehörigkeitsgrad zu jedem unscharfen linguistischen Wert der linguistischen Eingangsvariablen zu ermitteln und der Fuzzy-Inferenzeinheit zur Weiterverarbeitung zur Verfügung zu stellen ([6], S. 243-244). An dieser Stelle wird darauf verzichtet noch weiter in die Tiefe zu gehen, um dem Rahmen der Arbeit gerecht zu werden. In einem späteren Kapitel wird noch für ein Praxisbeispiel der genaue Ablauf der Fuzzifizierung, der Fuzzy-Inferenz und der Defuzzifizierung erläutert.

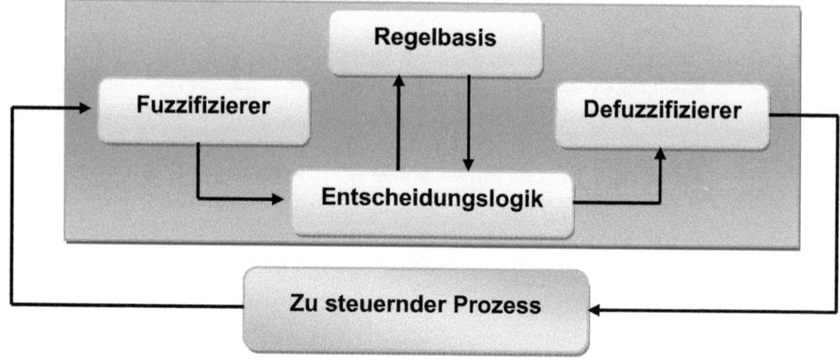

Abbildung 11: Fuzzy-Controller nach E. Mamdani ([1], S. 126)

3.2.2 Die Wissens- bzw. Regelbasis

Wie bereits angedeutet setzt sich die Fuzzy-Inferenzeinheit aus den beiden Teilen der Regel- bzw. Wissensbasis und der Entscheidungslogik (durch Inferenzstrategie repräsentiert) zusammen (siehe Abbildung 12). Die Gesamtaufgabe der Fuzzy-Inferenzeinheit besteht darin die fuzzifizierten Eingangsgrößen des regelbasierten Übertragungssystems gemäß bestimmten Regeln miteinander zu verknüpfen und hierdurch eine unscharfe Ausgangsgröße zu erzeugen. Diese wird dann wiederum der dritten Einheit des Fuzzy-Systems, der Defuzzifizierungseinheit, zur Verfügung gestellt ([3], S. 250).

Die Regel- bzw. Wissensbasis ist die Zusammenstellung aller Einzelregeln zu einem vollständigen Satz von Regeln. Diese sogenannten Einzelregeln bzw. Expertenregeln sind WENN-DANN-Regeln, wobei der WENN-Teil die Situa-

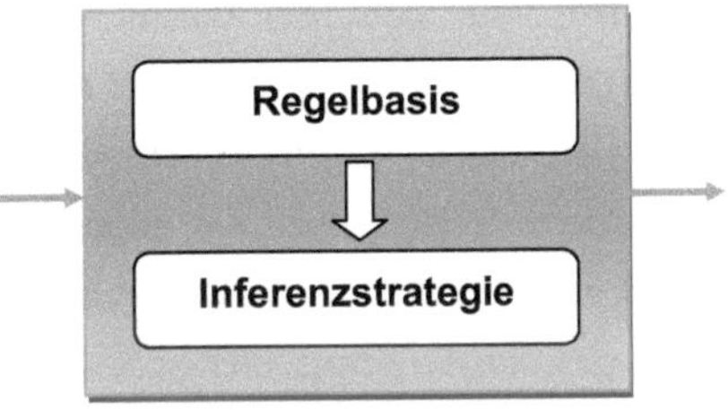

Abbildung 12: Struktur einer Fuzzy-Inferenzeinheit eines regelbasierten Ü.-systems ([6], S. 250)

tion beschreibt, in der die Regel angewendet werden soll. Der DANN-Teil beschreibt dementsprechend die Reaktion hierauf ([4], S. 27). Zum besseren Verständnis soll bereits an dieser Stelle ein kleines Beispiel dazu erklärt werden, in Vorgriff auf das später folgende ausführliche Praxisbeispiel:

WENN Abstand = mittel **DANN** Motorleistung = pos_mittel

Dieser Satz beschreibt eine vereinfachte Situation bei einer Kransteuerung. Die Aussage des Satzes ist folgende: **WENN** der Abstand des Kranarmes von seiner momentanen Position bis zur gewollten Position gleich „mittel" (linguistischer Term) ist, **DANN** soll die Motorleistung mittelgroß und positiv sein. „mittel" und „pos_mittel" stellen hierbei qualitative Werte bzw. linguistische Werte (auch Terme genannt) dar. „Abstand" bzw. „Motorleistung" bezeichnet man als linguistische Variablen.

Die Wissensbasis eines unscharfen Reglers setzt sich somit aus der Angabe der bestehenden kausalen Beziehungen (Regeln) und der Festlegung der verwendeten qualitativen Begriffe (unscharfe Mengen) zusammen ([1], S. 127).

3.2.3 Die Entscheidungslogik

In den heutigen Literaturquellen ist das Thema der Entscheidungslogik sehr komplex umschrieben. Daher soll an dieser Stelle versucht werden dieses Thema recht einfach zu erläutern, so dass die Zusammenhänge zu dem späteren Praxisbeispiel verstanden werden können.

Neben der bereits beschriebenen *Regelbasis* enthält die Fuzzy-Inferenzeinheit noch die Entscheidungslogik. Diese setzt sich im großen und ganzen zusammen aus dem Inferenzoperator und dem Akkumulationsoperator. Diese beiden Operatoren sollen für die *„max-min-Inferenz"-Strategie* an einem Beispiel kurz erklärt werden. Zum besseren Verständnis wäre es sicher ratsam sich das komplette Praxisbeispiel aus Kapitel 4 anzuschauen. Durch die angesprochene Komplexität der Entscheidungslogik soll an dieser Stelle nur darauf verwiesen werden, dass es noch einige andere Strategien gibt, auf die jedoch hier nicht weiter eingegangen werden kann.

Durch den **Inferenzoperator** werden aus den einzelnen Regeln und den Fakten, die den aktuellen Eingangssignalen entsprechen, Schlüsse gezogen, worunter man die unscharfe Ausgangsgröße einer Regel versteht. Beim *„max-min-Inferenz"-Verfahren* entspricht das z.B. dem *min-Operator* (siehe Kapitel 4 Abbildungen 19, 20 und 21). In den Ausführungen im Praxisbeispiel wird dieser Vorgang auch als **Aggregation** bezeichnet.

$$\mu_{A \wedge B} = \mathbf{min} \left\{ \mu_A , \mu_B \right\} = min \left\{ 0{,}9 , 0{,}8 \right\} \rightarrow \mu_{A \wedge B} = 0{,}8$$

Die unscharfen Ergebnisse der einzelnen Regeln führen anschließend durch den **Akkumulationsoperator** zu einer gemeinsamen unscharfen Schlussfolgerung ([6], S. 250). Beim *„max-min-Inferenz"-Verfahren* entspricht das z.B. dem *max-Operator* (siehe Kapitel 4 Abbildungen 19, 20, 21 und 22). In den Erklärungen im Fallbeispiel wird dieser Vorgang mit **Komposition** benannt.

$$\mu_{A \vee B} = \mathbf{max} \left\{ \mu_A , \mu_B \right\} = max \left\{ 0{,}8 , 0{,}1 \right\} \rightarrow \mu_{A \vee B} = 0{,}8$$

3.2.4 Der Defuzzifizierer

Die dritte und letzte Komponente des regelbasierten Fuzzy-Systems ist die Defuzzifizierungseinheit. Sie hat die Aufgabe aus der unscharfen Schlussfolgerung, die die Fuzzy-Inferenzeinheit als Ergebnis geliefert hat, wieder eine scharfe Signalgröße zu generieren. Diese reell wertige Größe repräsentiert die Ausgangsgröße des Fuzzy-Systems. Auch hier sind bereits Definitionen zu den entsprechenden Zugehörigkeitsfunktionen der Ausgänge usw. hinterlegt, auf dessen Grundlage dann die Berechnungen der „scharfen" Ausgangsgröße realisiert werden kön-

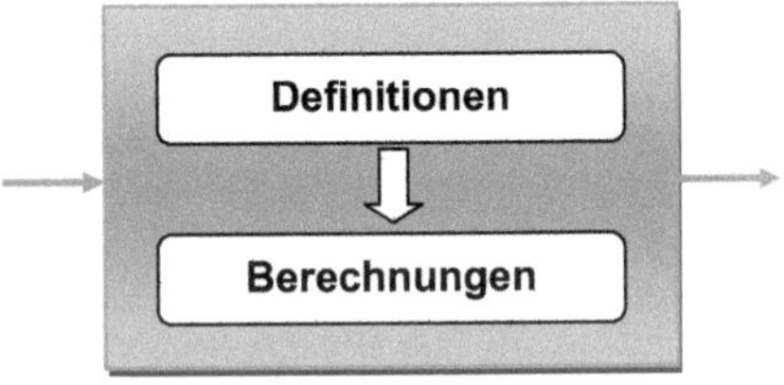

Abbildung 13: Struktur einer Defuzzifizierungs-sein-heit eines regelbasierten Ü.-systems ([6], S. 262)

nen (vgl. Abbildung 13). Es existieren verschiedene Methoden um aus einer unscharfen Menge einen scharfen Repräsentanten zu gewinnen, einige sollen hier kurz erwähnt, aber nicht genauer erläutert werden ([6], S. 262):

- *Max-Height*
- *Center-of-Area/Center-of-Gravity*
- *Mean of Maximum*
- *Center-of-Maximum*

Die genauen Bedeutungen können den angegebenen Quellen entnommen werden. Die *Center-of-Maximum*-Methode wird im Kapitel 4 beim Praxisbeispiel noch etwas genauer erklärt.

4. Praxisbeispiel – Kranregelung

Dieses Fallbeispiel soll dazu dienen die theoretischen Grundlagen der ersten Kapitel etwas verständlicher zu machen und zu veranschaulichen. Bei dem Beispiel geht es um die Regelung eines Containerkrans mit Fuzzy-Control. Dieser soll in dem konstruierten Fall Container von einem Schiff entnehmen und sie dann auf einem Eisenbahnwagon positionieren (siehe Abbildung 14). Das Problem bei diesem Beispiel ist, dass der zu transportierende Container mit dem Kran nur über flexible Seile verbunden ist, d.h. wenn der Kran anfährt beginnt der Container zu pendeln. Um den Container aber auf dem Eisenbahnwaggon absetzen zu können, muss eine Pendelung ausgeregelt werden. Die entsprechende Regelung, die ein Pendeln des Containers verhindert, soll nun mittels Fuzzy-Control realisiert werden (vgl. [8], S.169 ff.).

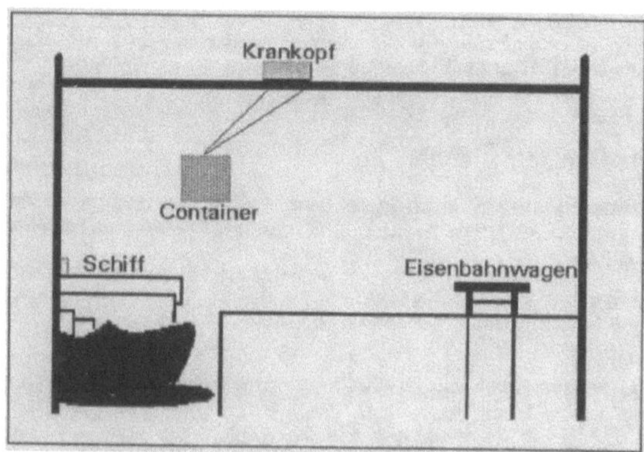

Abbildung 14: Prinzip-Skizze für Entladung durch den Containerkran ([4], S. 24)

Zunächst kann man aus dieser Konstellation die für den Fuzzy-Regler wichtigen Größen ableiten. Dabei wären zum einen die <u>Eingangsgrößen</u> zu nennen:

1. Der **Abstand** der Last zum Ziel
2. Der **Winkel** in dem die Last schwingt

Die <u>Ausgangsgröße</u> ist die **Motorleistung** mit der der Kran angetrieben wird.

In Abbildung 9 aus einem vorherigen Kapitel konnte man bereits die drei Stufen eines Fuzzy-Systems erkennen. Wenn man nun die ermittelten Eingangsgrößen und die Ausgangsgröße auf dieses Konzept anwendet, dann ergibt sich eine Struktur wie in Abbildung 15.

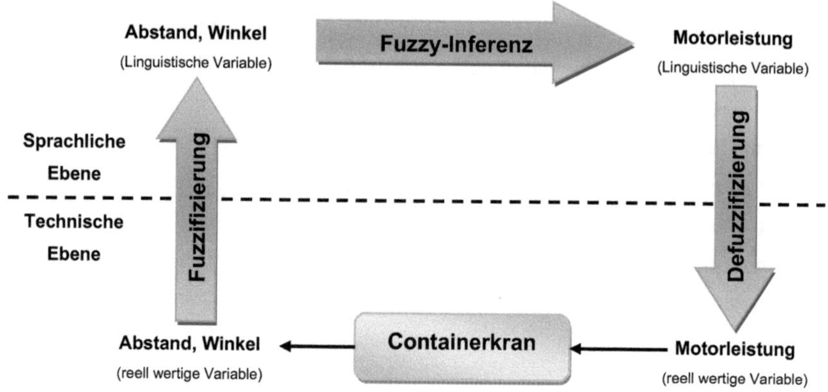

Abbildung 15: Der Aufbau eines Fuzzy-Reglers für einen Containerkran ([4], S. 24)

Entsprechend allen Vorbetrachtungen wäre nun der erste Schritt in unserem Beispiel die **Fuzzifizierung** durch linguistische Variablen. Dabei versucht man die erhaltenen reell wertigen Messwerte für den Abstand und den Winkel mittels linguistischer Variablen sprachlich zu interpretieren, um daraus eine ebenfalls sprachlich formulierte Regelstrategie für den Containerkran ableiten zu können. Wie bereits aus vorherigen Kapiteln ersichtlich wurde handelt es sich bei linguistischen Variablen um Verallgemeinerungen einer unscharfen Menge. Eine unscharfe Menge beschreibt lediglich einen Begriff wie „mittlerer Abstand", eine linguistische Variable hingegen umfasst alle möglichen Abstände, also auch einen „weiten Abstand", einen „nahen Abstand", einen „null Abstand" oder einen „zu weiten Abstand". Durch diese Zuordnung wird auch klar, dass die Werte einer linguistischen Variablen keine Zahlen, sondern sprachliche Begriffe sind, die durch unscharfe Mengen repräsentiert werden. Man bezeichnet diese Werte auch als „Terme". Abbildung 16 zeigt eine mögliche Definition von den drei linguistischen Variablen und ihren Termen ([4], S. 25). Die Einzelheiten für die Entstehung solcher Terme können aus den angegebenen Quellen entnommen werden.

Linguistische Variable	Wertebereich (Terme)
1. Abstand	$\in$ {weit, mittel, nah, null, zu_weit}
2. Winkel	$\in$ {pos_groß, pos_klein, null, neg_klein, neg_groß}
3. Motorleistung	$\in$ {pos_groß, pos_mittel, null, neg_mittel, neg_groß}

Abbildung 16: Beispielhafte Definition der linguistischen Variablen für den Kranregler
([4], S. 25)

Für jeden Term der linguistischen Variablen muss es eine entsprechende Zugehörigkeitsfunktion geben. Die Entstehung solcher Funktionen soll an dieser Stelle nicht weiter ausgeführt werden, weil es den Rahmen dieser Arbeit sprengen würde. Nur soviel, sie repräsentieren in gewisser Weise das Wissen von einem bzw. einer Vielzahl von Experten und sind meist in längerfristigen, erfahrungsbezogenen Prozessen entstanden und definiert worden.

Man könnte diese Funktionen nun in mathematischer oder aber in graphischer Form darstellen, da jedoch eine graphische Darstellung bei diesem Beispiel das Verständnis fördert, wurde diese Variante gewählt. Um linguistische Variablen graphisch darzustellen zu können, trägt man meist die Zugehörigkeitsfunktionen aller Terme in das gleiche Koordinatensystem ein.

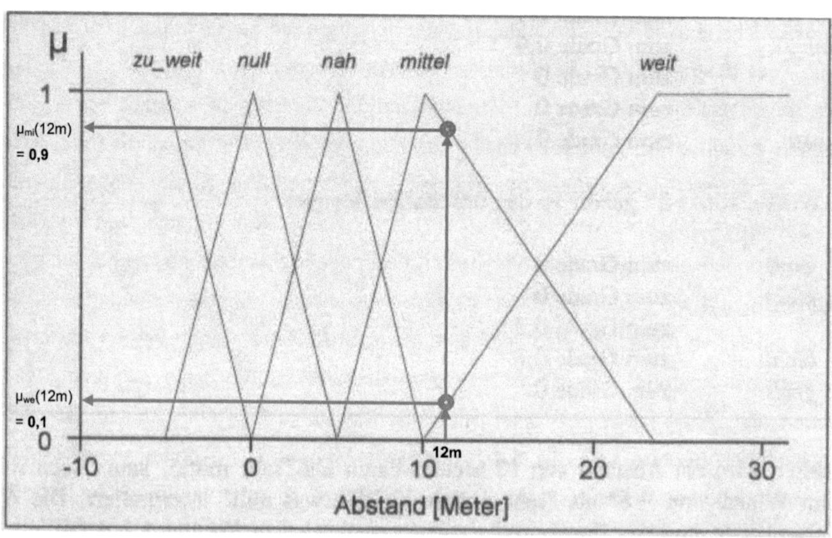

Abbildung 17: LV „Abstand" zwischen Krankopf und Eisenbahnwagen ([4], S. 25)

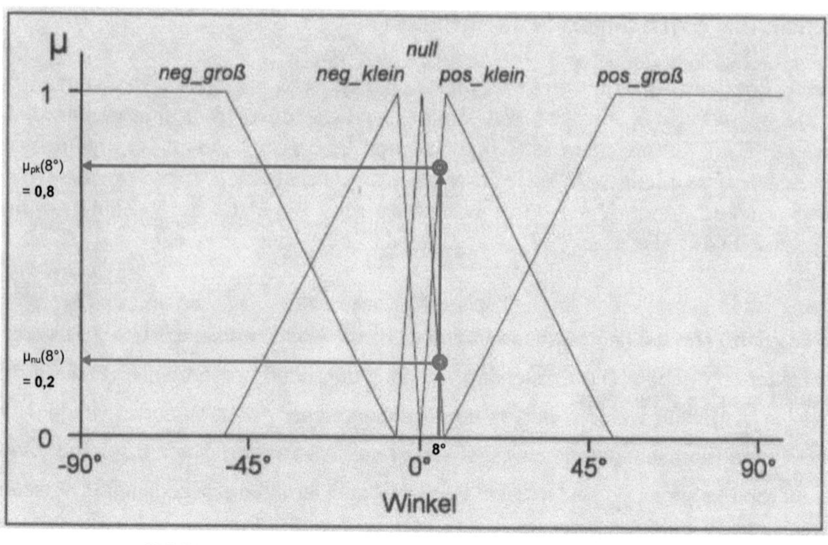

Abbildung 18: LV „Winkel" der Last am Krankopf ([4], S. 26)

In den Abbildungen 17 und 18 sieht man mögliche Definitionen für die Terme der jeweiligen Eingangsvariablen Abstand und Winkel. In Abbildung 19, im Zusammenhang mit den Abbildungen 17 und 18, soll nun die Fuzzifizierung der Eingangsvariablen für zwei konkrete scharfe Messwerte verdeutlicht werden. Dabei wurde angenommen, dass der Krankopf noch 12 Meter vom Ziel (Eisenbahnwaggon) entfernt ist und der Lastwinkel 8° beträgt. Zunächst beginnt man damit diese Werte in den entsprechenden Koordinatensystemen für die Linguistischen Variablen zu suchen. Im Koordinatensystem für den Abstand findet man bei dem Wert „12 Meter" zwei zugehörige Zuordnungen. Zum einen findet man den Schnittpunkt mit dem Term „mittel", daraus resultiert ein Zugehörigkeitsgrad von $\mu_{mi}(12m) = 0,9$. Zum anderen findet man einen Schnittpunkt mit dem Term „weit", dabei kann man einen Zugehörigkeitsgrad von $\mu_{we}(12m) = 0,1$ ablesen. Alle anderen Terme sind durch den Abstandswert von 12 Meter nicht tangiert. Nach dem gleichen Schema kann man auch bei der Bestimmung der Winkel-Zugehörigkeitsgrade vorgehen. Die Ergebnisse dieser Zusammenstellung sind in Abbildung 19 zu sehen.

Ein Abstand von 12 Metern gehört zu den unscharfen Mengen

weit	zum Grade **0,1**
mittel	zum Grade **0,9**
nah	zum Grade 0
null	zum Grade 0
zu_weit	zum Grade 0

Ein Winkel von +8° gehört zu den unscharfen Mengen

neg_groß	zum Grade 0
neg_klein	zum Grade 0
null	zum Grade **0,2**
pos_klein	zum Grade **0,8**
pos_groß	zum Grade 0

Abbildung 19: Fuzzifizierung der Eingangsgrößen für konkretes Beispiel ([4], S. 26)

Wenn man diese Ergebnisse nun sprachlich beschreiben wollte, dann könnte man z.B. für den Abstand von 12 Metern sagen, dass er „sehr mittel und kaum noch weit ist".

Nachdem man die Fuzzifizierung für die Eingangsgrößen durchgeführt hat erfolgt nun im zweiten Schritt die Bestimmung der **Fuzzy-Inferenz**. Dafür muss man als erstes die Prozesssituation beschreiben, auf die reagiert werden soll. Und als zweites muss man die Reaktion auf diese Situationen angeben. Dies geschieht durch die Formulierung von „WENN-DANN"-Regeln, die mit Hilfe der Fuzzy-Inferenz berechnet werden. Dabei beschreibt der „WENN"-Teil die Situation, in der die Regel gelten soll, und der „DANN"-Teil die Reaktion darauf ([4], S. 27). In Abbildung 20 sieht man drei mögliche Regeln für unser aktuelles Beispiel.

Regel 1:	**WENN** Abstand = mittel **UND** Winkel = pos_klein **DANN** Motorleistung = pos_mittel
Regel 2:	**WENN** Abstand = mittel **UND** Winkel = null **DANN** Motorleistung = null
Regel 3:	**WENN** Abstand = weit **UND** Winkel = null **DANN** Motorleistung = pos_mittel

Abbildung 20: Drei mögliche Regeln für die Fuzzy-Inferenz ([4], S. 27)

Die eigentliche Fuzzy-Inferenz besteht nun aus zwei Teilen. Als erstes berechnet man in der **Aggregation** den „WENN"-Teil der Regeln, um danach in der **Komposition** denn „DANN"-Teil der Regeln zu berechnen.

Um in einer logischen Reihenfolge zu verfahren soll an dieser Stelle auch zunächst die **Aggregation** erklärt werden. In Abbildung 20 sieht man, dass die beiden Vorbedingungen („WENN"-Teil) „Abstand = mittel" und „Winkel = pos_klein" miteinander verknüpft sind. D.h. durch das „UND" gilt der „DANN"-Teil genau dann wenn beide Bedingungen zutreffen. In der klassischen Logik würde sich dabei das Ergebnis einer solchen Bedingung genau als wahr oder falsch, also $\mu=1$ oder $\mu=0$ ergeben. Dieses Ergebnis ist aber in der Fuzzy-Logik nicht gewollt, da man hier auch „mehr oder weniger" wahre Aussagen erhalten möchte. Daher wurden für die Fuzzy-Logik eigene logische Verknüpfungen entwickelt um diesem Sachverhalt Rechnung zu tragen (siehe Kapitel 2.3.). Die gebräuchlichsten Operatoren sollen zur Erinnerung nochmals kurz genannt und erklärt werden:

UND:	$\mu_{A \wedge B} = \min \{ \mu_A , \mu_B \}$
ODER:	$\mu_{A \vee B} = \max \{ \mu_A , \mu_B \}$
NICHT:	$\mu_{-A} = 1 - \mu_A$

Der UND-Operator bewirkt nach dieser Definition, dass von beiden Zugehörigkeits-
graden der Terme die über den Operator verknüpft sind, der kleinere (min) genom-
men wird. In unserem Beispiel von oben würde sich bei der Regel 1 somit ergeben,
dass das Minimum aus „Abstand=mittel" (μ=0,9) und „Winkel = pos_klein" (μ=0,8)
gleich einem Wert von μ=0,8 wäre.

Ähnlich wäre das Verfahren beim ODER-Operator, abgesehen davon, dass man
hierbei das Maximum der Zugehörigkeitsgrade der Terme die über den Operator verknüpft sind nehmen würde. D.h. beispielsweise sollte der „WENN"-Teil der Regel 1
aus Abbildung 20 durch ein ODER verknüpft sein, dann würde sich ein Wert von
μ=0,9 ergeben.

Der NICHT-Operator besagt lediglich, dass man das Komplement der Zugehörigkeitsfunktion des Terms nehmen muss.

Wenn man nun unter Verwendung des UND-Operators (min) die Gültigkeiten der
Vorbedingungen für die drei Regeln berechnet, dann erhält man die Ergebnisse aus
Abbildung 21.

Regel 1:	min { 0,9 ; 0,8 } = 0,8
Regel 2:	min { 0,9 ; 0,2 } = 0,2
Regel 3:	min { 0,1 ; 0,2 } = 0,1

Abbildung 21: Gültigkeiten der Vorbedingungen der drei Regeln ([4], S. 28)

Die Gültigkeit der Vorbedingung jeder Regel beschreibt den Grad, in dem sie für die
aktuelle Prozesssituation angemessen ist.

Nun haben wir aber den Fall, dass für Regel 1 und 3 die gleiche Schlussfolgerung
gilt, nämlich „Motorleistung = pos_mittel" (siehe Abb. 20). Deswegen muss man die
Resultate vor der weiteren Bearbeitung noch zusammenführen. Diese Zusammenführung bezeichnet man auch als **Komposition**. Da alle Regeln aus der Fuzzy-
Regelmenge gleichrangig formuliert sind, könnte man auch sagen, dass entweder
die eine *oder* die andere Regel gilt. Wenn man auf diese Tatsache wieder die oben
erklärten elementaren Operatoren anwenden würde, dann kommt man zu dem
Schluss, dass man den ODER-Operator für diese Zusammenführung nehmen muss.
D.h. man würde das Maximum der Grade der entsprechenden Regeln nehmen, in
unserem Fall eben das Maximum aus μ=0,8 und μ=0,1 , also μ=0,8. Durch diese ab-

schließende Berechnung ergibt sich nun für die linguistische Variable „Motorleistung" das Resultat aus Abbildung 22.

pos_groß	zum Grade 0,0	
pos_mittel	zum Grade **0,8**	(= max{ 0,8 ; 0,1 })
null	zum Grade **0,2**	
neg_mittel	zum Grade 0,0	
neg_groß	zum Grade 0,0	

Abbildung 22: Resultat für die Berechnung der Regelmenge der LV Motorleistung ([4], S. 29)

Wenn man dieses Ergebnis nun sprachlich ausdrücken wollte, könnte man sagen:

- die Schlussfolgerung Motorleistung = „pos_mittel" trifft mit einem Zugehörigkeitsgrad von μ=0,8 zu, d.h. diese Reaktion würde am besten zu dieser Prozesssituation passen
- die Schlussfolgerung Motorleistung = "null" trifft mit einem Zugehörigkeitsgrad von μ=0,2 zu, d.h. diese Reaktion wäre nicht so gut wie die erste, aber in einem gewissen Maße immer noch angemessen

Der letzte Schritt in einem Fuzzy-System ist die **Defuzzifizierung**. Die Fuzzy-Inferenz liefert als Ergebnis das Resultat für die Motorleistung als Wert einer linguistischen Variablen. Da man jedoch mit diesem Resultat keinen Motor steuern kann muss man nun noch die erhaltenen sprachlichen Werte in eine reell wertige technische Größe zurück wandeln. Das erreicht man mit der sogenannten Defuzzifizierung. Wie bereits in den Abbildungen 17 und 18 für die Eingangsgrößen beschrieben wurde, wird die Beziehung zwischen einer technischen Größe und ihrer sprachlichen Interpretation durch die sogenannten Zugehörigkeitsfunktionen ausgedrückt, welche zur besseren Veranschaulichung in einem Koordinatensystem dargestellt werden. In Abbildung 23 sieht man die möglichen Zugehörigkeitsfunktionen für die linguistische Variable „Motorleistung".

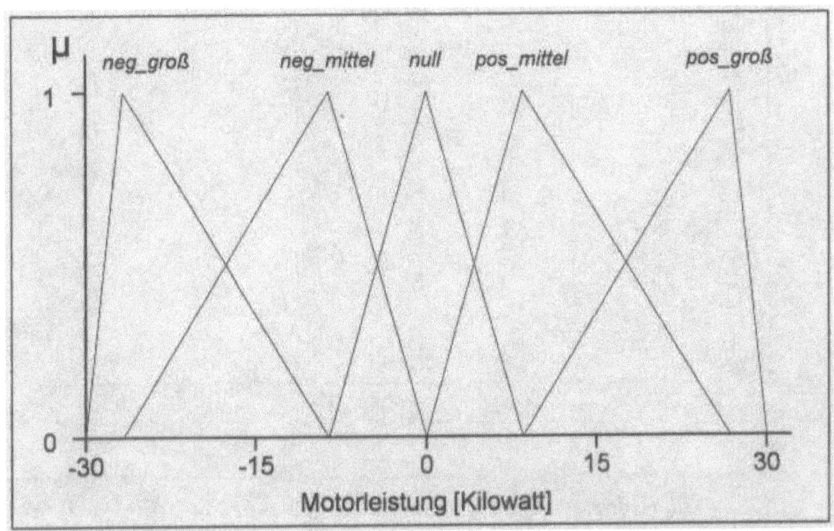

Abbildung 23: Linguistische Variable „Motorleistung" des Kranantriebes ([4], S. 29)

Nun stellt sich die Frage wie man zwei unscharfe Menge zu einer scharfen Aussage, bzw. zu einer scharfen technischen Größe, zusammenführen kann. Dazu gibt es verschiedene Defuzzifizierungsverfahren, in unserem Beispiel soll die Methode bzw. das Verfahren *„Center-of-Maximum"* angewendet werden. Dafür werden zunächst für alle Terme der linguistischen Variablen die „typischen" Werte ermittelt. Bei den in Abbildung 23 gezeigten Zugehörigkeitsfunktionen ist dieser Wert dort erreicht, wo sich das Maximum der jeweiligen Funktion befindet. Diese Ermittlung ist in Bild 24 zu sehen. Danach wird versucht mit den erhaltenen Werten aus der Fuzzy-Inferenz den besten Kompromiss zwischen den Werten zu finden. Dazu trägt man zunächst die Zugehörigkeitsgrade der entsprechenden Terme an den Balken der „typischen Werte" ein. D.h. bei der Motorleistung „pos_mittel" trägt man am zugehörigen Balken einen Zugehörigkeitsgrad von $\mu=0{,}8$ ein usw.. Nachdem man die Werte eingetragen hat wird klar (natürlich auch aus Abb. 22 ersichtlich), dass die einzelnen Terme unterschiedlich gewichtet sind. Daher muss man nun versuchen durch Ausbalancieren den besten Kompromiss (siehe Abbildung 25) für den gesuchten reell wertigen Motorleistungswert zu finden ([4], S. 31).

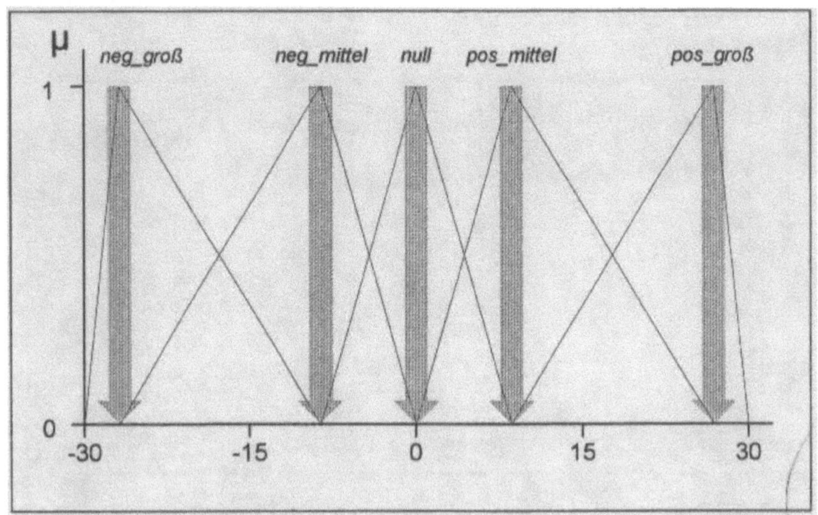

Abbildung 24: Bestimmung der „typischen" Werte jedes Terms zur Defuzzifizierung
([4], S. 30)

Das Ausbalancieren kann man sich folgendermaßen vorstellen: man hat zwei unterschiedliche Gewichte, die man auf einem Brett platziert, das sich auf einem Keil befindet. Man versucht nun solange diesen Keil zu verschieben, bis er an der Stelle ist wo beide Gewichte im Gleichgewicht sind. Das reell wertige Resultat für die Motorleistung beträgt nun 6,4 KW.

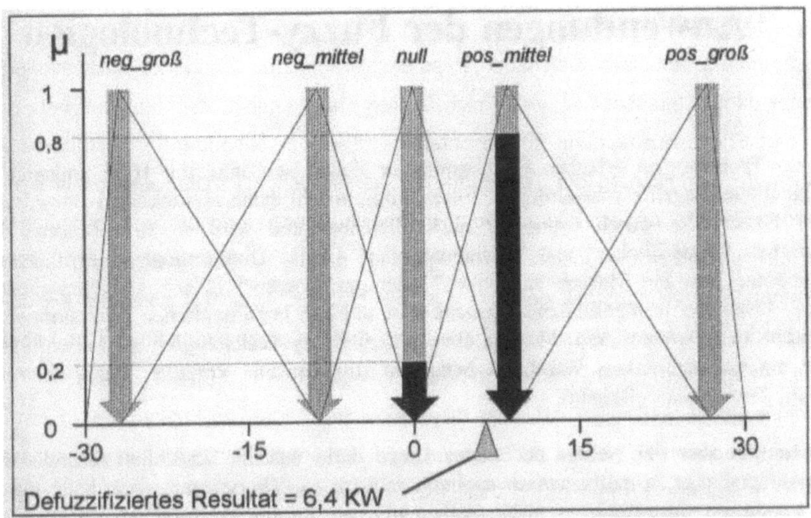

Abbildung 25: Ermittlung des Ergebnisses durch „Balancieren" ([4], S. 31)

5. Zusammenfassung

Zusammenfassend lässt sich sagen, dass die Verarbeitung unscharfer Informationen immer dann interessant ist, wenn sich Systeme auf einer grob-granularen, vereinfachten Ebene ausreichend gut beschreiben lassen. Insbesondere unterstützt eine unscharfe Modellierung die Transformation menschlichen Problemwissens in eine auf den Rechner angepasste und vom Rechner auswertbare Repräsentation. Längst hat sich vor allem die unscharfe Regelung als praktische, erfolgreiche und längst kommerziell und industriell genutzte Technik etabliert. Unscharf geregelte Konsumerprodukte, wie z.B. Waschmaschinen, sind äußerst wettbewerbsfähig. Das Label „Fuzzy-Logic" wird oft als Werbeargument eingesetzt ([1], S. 155).

In einer Quelle wird angeführt, dass die eigentliche Stärke von Fuzzy Logik in komplexen Aufgaben zu sehen ist. So seien z.B. herkömmliche Computersysteme mit der komplizierten Koordinierung von biologischen, chemischen und mechanischen Prozessen, etwa in Klärwerken oder Müllverbrennungsanlagen, oft überfordert. Daher würden solche Anlagen häufig von Experten an einem Leitstand gesteuert. Mit deren Wissen sei es dann möglich ein Fuzzy-System vergleichsweise einfach mit Regeln und Kennwerten zu programmieren. Der Programmieraufwand für Fuzzy-Logic sinkt dabei gegenüber herkömmlichen Steuerungen um bis zu 90%. Die Geschwindigkeit der Programme würde dabei um den Faktor 10 steigen ([9], S.136).

An diesem Beispiel kann man sehen, dass *Fuzzy-Logik,* bzw. das größte Anwendungsgebiet *Fuzzy-Control,* häufig eine gute Alternative zur klassischen Regelungstechnik darstellt bzw. in manchen Anwendungsfällen dieser sogar überlegen ist. Dennoch wird die klassische Regelungstechnik wohl niemals ganz verschwinden. Fuzzy-Control stellt sozusagen in einigen Fällen eine gute Ergänzung zur klassischen Regelungstechnik dar.

6. Literaturverzeichnis

[1]   Keller, H. B.   Maschinelle Intelligenz
                             Wiesbaden: Vieweg Verlag, 2000

[2]   Bonfig, K. W.   Fuzzy Logik in der industriellen Automatisierung
                             2. Auflage. Renningen-Malmsheim: Expert Verlag, 1996

[3]   Grauel, A.   Fuzzy-Logik
                             Mannheim, Leipzig: Wissenschaftsverlag, 1995

[4]   Zimmermann, H.-J. Fuzzy Logic, Band 1 (Technologie)
                             Altrock, C. v. (Hrsg.)   2. Auflage. München, Wien: Ol-
                             denbourg Verlag, 1995

[5]   Bothe, H.-H.   Fuzzy Logic
                             2. Auflage. Berlin, Heidelberg: Springer Verlag, 1995

[6]   Jaanineh, G.   Fuzzy-Logik und Fuzzy-Control
       Maijohann, M.   Würzburg: Vogel Verlag, 1996

[7]   Kahlert, J.   Fuzzy Control für Ingenieure
                             Braunschweig, Wiesbaden: Vieweg Verlag, 1995

[8   ]Zimmermann, H.-J.Fuzzy Logic, Band 2 (Anwendungen)
                             Altrock, C. v. (Hrsg.)   2. Auflage. München, Wien: Ol-
                             denbourg Verlag, 1995

[9]   Koch, H.   Heiß und Kalt
                             Manager Magazin, Ausgabe 8, S. 135, 01.08.1995